数理化
原来这么有趣

张　端◎编著

化学 下册

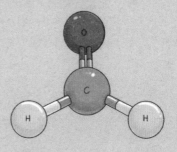

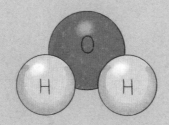

航空工业出版社

Part 5

小动物与生物化学

黄鼠狼的无敌臭屁

　　黄鼠狼你应该不会感觉陌生，在许多故事中，黄鼠狼都是个不招人待见的家伙，这种动物又叫"黄鼬"，机灵而又狡猾，常常以偷鸡贼的身份出现。它的臭名昭著，除了源于经常偷鸡之外，更源于它能放出一种巨臭无比的屁，其气味甚至可以将对手熏晕。

　　黄鼠狼也是发射"化学炮弹"的能手。它的肛门附近，有一对臭腺，一旦遇到猎狗，一时难以脱身，黄鼠狼就会从臭腺里放出臭液。这种液体臭不可闻，猎狗一下子愣住了，黄鼠狼则马上溜之大吉。

　　黄鼠狼的臭液还能用来捕食。刺猬是一种身体矮胖的小动物，

遇到敌害时它会把身子蜷缩成一团，竖起背部的刺，使对方无从下手，只得灰溜溜地离去。但是一旦遇到黄鼠狼，就倒霉了。黄鼠狼会对准刺猬头部蜷缩后露出的小孔隙，把臭不可闻的液体"注射"进去。不一会儿，可怜的刺猬就被麻醉了，身体慢慢松散开来，彻底解除了"武装"。这时，黄鼠狼扑上去，把刺猬咬死，津津有味地吞食起来。

不仅黄鼠狼，白鼬、灵猫和臭鼬等都有这种本领。其中，最厉害的要数臭鼬了。顺风的时候，它喷出的臭液，能把恶臭味传到500米之外的地方。许多动物远远地看到它，就会马上躲开，唯恐避之不及。猎狗闻到这种臭气后，会直流鼻涕，不愿继续前进。连勇敢的猎人也不愿接近臭鼬，因为这种臭味实在令人难以忍受。凭借这种"化学武器"，臭鼬可以大摇大摆地在森林里走来走去，显得十分威风。

很多动物都喜欢利用特殊的气味。猫把脸上和臀部体腺散发的气味弄在人的腿上，因此它远远就能辨明主人在哪里。黑尾鹿遇敌时常释放香味迷惑对手。燕尾凤蝶还能利用化学武器实施集体防御，它有一对鲜红色或桔色触角（称为丫腺），位于紧挨头部的后面。在正常情况下，触角隐藏在囊里，受攻击时会突然伸出，喷出一股极臭的脂肪酸分泌液。一群燕尾凤蝶在一起飞舞时，只要外围有一只受到骚扰，这个群落就会同时喷射，在四周形成一圈化学"烟雾"，有效地抗击来犯者。

知识延伸

动物们还会利用自己的排泄物的气味来确定自己的势力范围。猴子、野猪等动物中的领袖能够发出使其他雄性动物臣服的气味，只要闻到这种气味，即使没有见面也会马上服服贴贴，不敢"乱说乱动"。有一种貂熊发现小动物时会立即撒尿，用尿在地上划一大圈，被圈中的动物如中魔法，费尽全力也难逃出"禁圈"。更令人惊奇的是，当貂熊在圈中捕食小动物时，圈外凶猛的豹和狼等竟也不敢跨入"禁圈"去争夺。

蚂蚁的视觉不是很好，在终日不见阳光的巢穴里，在闷热而基本静止的空气里，它们究竟是靠什么来交流信息呢？

原来，蚂蚁之间是使用化学物质交换信息的。据估计蚂蚁大约有10~20个这样的化学"单词"或"短语"。20世纪70年代，英国的昆虫学家就发现在织叶蚁中有一种化学的报警方式。当一只工蚁在巢内或者领地内发现了敌人就会从头部腺体排出由几种化学物质混合的物质。这几种化学物质以不同的速度向外扩散，它的同伴会一个接一个地收到这些物质。它们分别具有各种技能，如引起同伴的警觉，召唤同伴过来帮忙，吸引工蚁更靠近事发地点并叮咬异物，增加进攻动力等。

在蚂蚁的世界里，分辨朋友和敌人也是通过化学信息素。它们通过触角上的特殊化学传感器就可以很快识别对方是来自同一蚁穴还是不同蚁穴。在蚂蚁身体的薄薄的表皮蜡层上有一个化学性的"身份徽章"。它是由独特的化合物混合起来的。这种混合物叫作芳烃碳氢化合物。蚂蚁就是靠它们来分辨是不是一家人的。

蚂蚁看似渺小，但其实是非常庞大的，甚至领地面积可以延伸数百英里。科学家们曾经发现一个阿根廷蚂蚁的领地贯穿整个加州，从圣地亚哥延伸到旧金山北部。这种蚂蚁被当地科学家认为是外来物种，会迅速繁殖并消灭当地的其他蚂蚁，对生物链造成很大的破坏。

加州阿根廷蚂蚁的领地都是相连的，所以它们都具有相似的化学"识别"物质，并且彼此能够通力合作。科学家们利用蚂蚁的化学识别特点，研制出一种稍有改变的这种化学识别物质，当将这些合成的化学物质涂覆到试验用阿根廷蚂蚁身上并将它们放回蚁穴时，这种蚂蚁就会受到其他没有经过涂覆合成化学物质的同伴的袭击。最终结果是扰乱这些蚂蚁内部的合作，并且在它们巨大的领地内引发内部的动荡不安。这样就能够更好地控制这种害虫了。

知识延伸

蚂蚁会把死去的同伴搬运到蚁群的"公墓"里。科学家发现了一些化学物质，它们能表明一只蚂蚁还活着、并阻止它的同事把它丢到蚁群的墓地。活的工蚁会持续在表皮中分泌这些化合物，以避免被搬到公墓，但如果蚂蚁死亡40分钟之后，这些化学成分便挥发完全并失去活性，同巢的其他蚂蚁就会将死去的蚂蚁运到集体墓地。

海蜗牛的超能力

　　海蜗牛是一种神奇的腹足动物，但以身体色彩缤纷而闻名遐迩，素有"最艳丽动物"之美誉。海蜗牛眼睛已经退化，它们看不清外部世界。在危机四伏的大海里，海蜗牛没有足够的力量与海潮抗衡，只能随波逐流，过着浮萍般的流浪生活。然而海蜗牛并非弱者，甚至在很多时候，它们还会激发出无比强大的战斗力！

美国缅因州大学生物学家詹姆斯·曼哈特博士，曾在巴西东部海岸追踪调查海蜗牛的生存状况时遇到过这样的情景：一天傍晚，距离海岸大约 50 米的浅海处突然飘来数百只成群结队的海蜗牛。它们安安静静地躺在水面上，只露出三角形的小脑袋和牛角一样的短触角。突然，一只潜藏已久的海龟忽地蹿出。眼看海龟气势汹汹地逼进，只见海蜗牛集体向海龟喷射出一股云彩状的墨绿色分泌物。不可思议的一幕随即发生了——海龟本已大张的嘴巴在不知不觉中悄然闭紧，接下来，"敌我双方"竟然在同一片水域中"和平共处"了近一个小时！

震惊之余，詹姆斯博士提取了部分墨绿色的分泌物并进行检测，竟然发现其中含有能让海龟闭嘴的化学物质——L- 赖氨酸和精氨酸！即使再饥饿的食肉动物一旦接触到这两种化学物质，神经系统就会紊乱，饥饿感也便荡然无存。有了这种"化学武器"，海蜗牛自然就不怕凶悍的海龟了。

海蜗牛不仅有非凡的化学武器，还拥有奇特的发光外壳，可以释放出蓝绿色的荧光。这种"荧光生物"的外壳不仅含有荧光物质，而且具有放大光线的作用，海蜗牛只需微弱发光，就能"点亮"整个荧光外壳。

海蜗牛的生物荧光特性不仅能吓退捕食者，还具有第二防御功能，荧光可持续照亮捕食者，使捕食者更容易成为其他动物的攻击目标。在生物学中，这种现象被称为"防盗自动警铃假设"。科学家发现海蜗牛的身体中仅蕴含少量发光细胞，可是在需要发光时，它的整个外壳都会亮起。目前，研究人员正致力于弄清楚海蜗牛外壳的内部结构如何产生这种"放大亮度"的效果，以启发未来的照明设计。

知识延伸

海蜗牛还是令人类望尘莫及的发明家。2007年，美国休斯顿石油公司的海底输油管道发生泄漏，使海面上的海藻大面积死亡，以海藻为"口粮"的海洋生物纷纷饿毙。海蜗牛却悠然自得地躲过了灭顶之灾！检测发现，海蜗牛的体内竟然存在着一种能进行光合作用的绿色颗粒。其中对光合作用起到至关重要作用的基因完全来自藻类。这充分说明，这种控制光合作用的基因在海藻和海蜗牛之间进行了水平转移，从植物基因转变成了动物基因！而拥有这种基因的海蜗牛，它的光合作用能力能够维持一生。这就意味着，它们这一海洋族群将永远悠闲快乐，永远不会因食物短缺而被饿死！

36 河豚的毒素
是天然神经麻痹药

不知道你有没有听说过拼死吃河豚这句话，河豚是一种非常独特的鱼，河豚虽然有剧毒，但其肉质鲜美柔嫩无比，人们常把河豚鱼片和日本绘画相提并论。然而河豚的剧毒也是让人望而生畏的，只要一点点，就可以让人毙命。

河豚的内部器官含有一种能致人死命的神经性毒素，有人测定过河豚毒素的毒性，相当于剧毒药品氰化钠的 1250 倍，只需要 0.48 毫克就能致人死命。河豚的肌肉中并不含毒素。河豚最毒的部分是卵巢、肝脏，其次是肾脏、血液、眼、鳃和皮肤。这种毒素能使人神经麻痹、呕吐、四肢发冷，进而心跳和呼吸停止。国内外，都有吃河豚丧命的报道。

品尝河豚要冒着生命危险，但是由于河豚的味道十分鲜美。所以，还是有众多贪食的人拼死吃河豚。世界上最盛行吃河豚的国家是日本。日本的各大城市都有河豚饭店。厨师要经过严格的专业培训。毕业考试时，厨师要吃下自己烹饪的河豚。因此，有些技术不过硬的人，不敢参加考试就逃跑了。

与蛇毒、蜂毒和其他毒素一样，河豚毒素也有其有益的一面。河豚毒素是一种能麻痹神经的剧毒，随着科学的进步，令人恐惧的河豚毒素已步入了药学殿堂，并且在治疗人类疾病方面发挥着越来越重要的作用。河豚毒素可以用于镇痛。对癌症疼痛、外科手术后的疼痛、内科胃溃疡引起的疼痛，河豚毒素制剂均有良好的止痛作用。使用河豚素的好处是用量极少（只需 3 微克），止痛时间长，又没有成瘾性。特别是穴位注射，作用快、效果明显，可以作为成瘾性镇痛药吗啡和杜冷丁的良好替代品。河豚毒素还可以止喘、镇痉、止痒。河豚毒素可以治疗哮喘、百日咳。对治疗胃肠道痉挛和破伤风痉挛有特效。河豚毒素对细菌有强烈杀伤作用。从河豚精巢提取的毒素，对痢疾杆菌、伤寒杆菌、葡萄球菌、链球菌、霍乱弧菌均有抑制作用，而且可以防治流感。天然的河豚毒素非常昂贵，但现在，河豚毒素已经可以人工合成了。

知识延伸

科学家发现，河豚毒素是河豚吃了含有河豚毒素的海洋藻类，并且通过自身的转化而存在于体内。本来是有毒的河豚，如果将它的幼苗弄到池塘进行人工饲养，它就能失去毒性。但是，如果给它喂食含有河豚毒素的饵料，它就会毒化，从而重新产生河豚毒素。河豚毒素的产生，除了与河豚饵料密切相关之外，还与河豚本身对毒素的接受机制有关。在同一海域，虽然大量生长着含有河豚毒素的海藻，但是有的河豚吃它，而有的河豚则不吃它，因此就出现含毒河豚与不含毒河豚的差异。

昆虫的天然生化武器

毒蛇、毒蝎、毒蛙、毒蜘蛛等昆虫能够分泌毒液，并以此作为武器，用于进攻或防卫。它们分泌的毒液一般含有神经毒和血液毒两种类型。前者作用于对手的中枢神经使其心脏停止跳动，后者则通过对手的血液循环系统破坏其组织，最终使其丧命。

传说在蒙古戈壁沙漠上有一种巨大的血红色虫子，它们形状十分怪异，会喷射出强腐蚀性的剧毒液体，此外，这些巨大的虫子还可从眼睛中放射出一股强电流，让数米之外的人或动物顷刻毙命，然后，将猎物慢慢地吞噬……大家把它称为"死亡之虫"。

小小的白蚁也会利用许多的化学手段来进攻和防卫。其中有一种叫注射法，即在咬伤对手的同时，向其伤口注入毒素或抗凝油，使之中毒或流血不止而死亡。大白蚁用的就是这种方法。第二种是刷毒法，利用其上唇演变而成的"油漆刷子"，将油状毒液刷在对手身上，使之无法脱身，最终中毒死亡。第三种则是喷胶法，这种胶与松树脂相似，内含粘结剂、刺激剂和毒液，对手粘上此胶后动弹不得，只好束手待毙。

昆虫的"化学武器"不仅可以保护自己不受伤害，还可以帮助人类治疗各种疾病。昆虫毒素在药物上具有很广阔的应用前景，据统计，已发现有毒素的昆虫种类有700多种，昆虫毒素具有60多种。蜂毒用于治疗风湿类风湿关节炎，红斑狼疮，脉管炎，高血压等疾病；斑蝥素具有明显的抗癌作用；蚂蚁、蜚蠊等都有很高的药用价值。21世纪昆虫毒素将广泛用于医学，利用生物化学技术，研究昆虫毒素的成分、结构、药理，进而人工合成或通过生物技术来生产医药昆虫毒素，并应用于临床。

知识延伸

制造和使用化学武器，需要消耗能量。有的动物为了"节省开支"，干脆依靠窃取别的动植物的成果来武装自己。比如，大桦斑蝶毛虫吃了马利筋属植物，会把其中称为卡烯内酯的毒物积累在体内，从而保护它从小直到羽化成蝶不被食肉动物吞食。

38 萤火虫的小灯笼

夏天，在花园中或是潮湿的杂草间，你会发现有许多一闪一闪的光点儿，这就是传奇的萤火虫。你一定对它感到非常好奇，要知道萤火虫在诗人和文学家的眼中代表着纯真和希望。那就让我们一起来了解一下这个可爱的小精灵吧。

萤火虫之所以会发光是因为一系列的生理需要，如寻找配偶，警示敌害等。萤火虫的发光，简单来说，是荧光素在催化作用下发生的一连串复杂生化反应，而光即是这个过程中所释放的能量。萤火虫中绝大多数的种类是雄虫有发光器，而雌虫无发光器或发光器较不发达。

萤火虫的发光器是由发光细胞、反射层细胞、神经与表皮等所组成。如果将发光器的构造比喻成汽车的车灯，发光细胞就如车灯的灯泡，而反射层细胞就如车灯的灯罩，会将发光细胞所发出的光集中反射出去。所以虽然萤火虫发出的光很小，

在黑暗中却让人觉得相当明亮。萤火虫的发光细胞内有一种含磷的化学物质，称为荧光素，经发光酵素作用，会引起一连串化学反应，伴随产生的能量只有约 1 成多转为热能，其余多变作光能。无论何时，当萤火虫把两种特殊的化合物联结在一起时，就发出光来。光就会通过身体下方的透明窗子射出。在其发光器的顶部，有像镜子一样的一层东西，把光反射并增亮。在黑暗的房间中，把一只萤火虫放在报纸上，每当它的光闪耀起来时，除了它头前部分之外，其四周的字可以见到。

由于化学反应所产生的大部分能量都用来发光，只有 2~10% 的能量转为热能，所以当萤火虫停在我们的手上时，我们不会被萤火虫的光给烫到，萤火虫发出来的光因此也被称为"冷光"。

知识延伸

海中的甲壳类和鱼类，有更优良的发光器官，有的还有增强光亮的反光镜。在发光的甲壳类动物中，发现了萤光酵素和萤光素。这两种物质相互作用，便产生光。但从其他的发光动物中，现时还未能分离出这两种物质。生物到底如何发光，及许多其他生物光的问题，仍有待科学家的进一步研究。

蚕吐丝的奥妙

有的同学可能喜欢在春天饲养蚕宝宝，幼小的蚕宝宝从卵壳里钻出来，就几乎不停地食取大量的桑叶，蚕宝宝一生要蜕皮四次，每一次蜕皮后，它的食量就会大增。当蚕宝宝长到一定的"年龄"后，便开始吐丝做茧。你一定会感到非常奇怪：为什么蚕吃的是桑叶，吐出的却是丝呢？

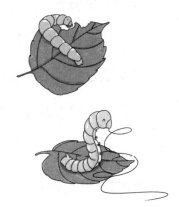

从化学成分上来看，鲜桑叶中大部分是水，此外，还含有丰富的蛋白质、糖类、脂肪、矿物质、纤维素等，这些物质都是蚕用来制造丝的原料。有人曾统计过，1000条蚕一生要吃掉20千克的桑叶，经过"加工"，可吐出0.5千克的丝。

蚕吃进肚子里的桑叶是怎样被加工成丝的呢？原来，在蚕的肚子里有特殊的物质，主要是消化液和各种酶，蚕吃进肚子里的桑叶被消化液和各种酶分解，桑叶中的蛋白质、糖类、脂肪和矿物质被吸收，而纤维素等被排出变成蚕粪。在蚕的肚子里，被吸收的"原料"又继续被特殊加工，制成了丝氨酸、甘氨酸、酪氨酸等氨基酸。这些氨基酸经过蚕体内特有的代谢被转化成丝素、丝胶等蛋白质。桑叶，就是在蚕的体内经过一系列复杂的加工，才变成了蚕丝。

由于蚕丝的成分是蛋白质，跟纤维素有着本质的不同，不像纤维素那么稳定。用蚕丝制成的丝绸制品如果保存不好，容易烂掉或被虫蛀，另外，蚕丝也不耐碱，所以在洗丝绸时，最好不要使用碱性肥皂。

知识延伸

其实我们经常吃的大豆也可以做成纤维，并且还非常舒适、环保。大豆蛋白纤维用榨过油的大豆豆粕为原料，利用生物工程技术，提取出豆粕中的球蛋白，再通过添加功能性助剂，与腈基、羟基等高聚物接枝、共聚、共混，制成一定浓度的蛋白质纺丝液，改变蛋白质空间结构而成。蛋白纤维有着羊绒般的柔软手感，蚕丝般的柔和光泽，棉的保暖性和良好的亲肤性等优良性能，还有明显的抑菌功能，被誉为"新世纪的健康舒适纤维"。

会放炮的昆虫

　　人类战争有化学战，动物界同样也有化学战。许多动物拥有诸如毒液、麻醉液、腐蚀液、粘结液之类的"化学武器"，经常展开一幕又一幕生死存亡的斗争。让我们一起来看一下那些神奇的昆虫是如何保卫自己、进攻敌手的。

1808 年，拿破仑率兵远征西班牙。不久，许多士兵的身上出现了莫名其妙的红斑。这究竟是怎么回事呢？军医几经周折才查明，那是一种甲虫的毒液引起的皮肤炎症。这种有毒的甲虫被称为"炮虫"，能发射"化学炮弹"来抵御敌人，保护自己。

你看到过炮虫放"炮"的情景吗？遇到危险的时候，它就会用自己独特的武器来进行防卫，一股毒雾从尾部喷出，把对手轰得昏头转向，然后美美地饱餐一顿。如果你看到一只炮虫，千万不要用手抓或者拍，否则会被严重烫伤，因为它的屁的温度可是高达100℃呢。

炮虫是不少昆虫的形象称号，它们都是属于鞘翅目的昆虫。气步甲体内有两种腺体：一种生产对苯二酚，另一种生产过氧化氢。平时它们分别贮存在两个地方，一旦遭到侵犯，气步甲就猛烈收缩肌肉，这两种物质相遇，在酶的催化作用下，瞬间就成为100℃的毒液，并迅速射出。在猛烈的炮击中，对手哪里招架得住，只得狼狈逃窜或束手就擒了。

据观察，炮虫能一口气连放12炮，还能分别向4个方向射击。一只炮虫如果几天内没有放过炮，那么它可以在4分钟内连发29个"化学弹"。

还有一种叫作庞巴迪的甲虫，当受到威胁时，也会快速地从腹部喷出沸腾的爆炸性液体，其频率甚至达到了一次就连续喷射 70 次，相当于投 放炸弹。这种有毒液体是过氧化氢和对苯二酚的混合物，两种物质在甲虫体内发生化学反应。喷出的有毒液体可进入鸟类、青蛙、啮齿动物或其他昆虫等食肉动物的身体表面上。英国利兹大学科学家已经研制出一个模仿庞巴迪甲虫类似功能的实验性装置，装置的喷射距离可达到 4 米。最近，他们又与一家投资仿生学相关研究的公司合作，计划研制出像药学吸入器和灭火器这样的装置。

知识延伸

非洲有一种毒蜂，蜂王一旦发现可以进攻的目标，就会发出一种具有特殊气味的化学物质，"命令全军反击"，即使是老虎、狮子也难逃性命。还有一种黄蜂，毒液含有"报警信息素"，可通过空气传播给巢里的蜂群。若有人打死一只黄蜂，能激怒 5 米外的巢中的黄蜂飞来，有时仅几只黄蜂就能杀死对蜂毒过敏的人。

Part 6

植物的"化学生活"

41 生命源自光合作用

同学们都知道自然界存在着一个非常普遍的原则，那就是植物是食物链中最低级的，它们为动物提供最初的营养来源，那么植物又是通过什么来制造生命所需的各种营养物质呢？那就是光合作用。

植物没有消化系统，因此它们必须依靠其他的方式来进行对营养的摄取。对于绿色植物来说，在阳光充足的白天，它们将利用阳光的能量来进行光合作用，以获得生长发育必需的养分。

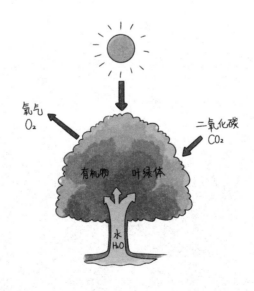

氧气 O_2

二氧化碳 CO_2

有机物　叶绿体

水 H_2O

光合作用，即光能合成作用，是植物、藻类和某些细菌，在可见光的照射下，利用光合色素，将二氧化碳（或硫化氢）和水转化为有机物，并释放出氧气（或氢气）的生化过程。光合作用是一系列复杂的代谢反应的总和，是生物界赖以生存的基础，也是地球碳氧循环的重要媒介。

　　植物利用阳光的能量，将二氧化碳转换成淀粉，以供植物及动物作为食物的来源。叶绿体是植物进行光合作用的地方，因此叶绿体可以说是阳光传递生命的媒介。光合作用的意义非常巨大，它是一切生物体和人类物质的来源，所需有机物最终要由绿色植物提供，使大气中的氧气、二氧化碳的含量相对稳定。

　　环境污染的根源是人类用燃烧化石燃料的方式维持能量供应，由此产生了废气、废水以及随之而来的温室效应等。而大自然以绿色植物、海藻和蓝细菌等为依托，借助太阳光，利用光合作用，将二氧化碳和水转化成氧气和葡萄糖，完成了精妙无比的能量循环。

由光驱动将水分子裂解为氧气、氢离子和电子的反应，这是光合作用的核心。生物学家认为，这一反应向地球上所有复杂的生命提供能量和氧气，使生命得以延续。这一反应过程十分精妙，至今科学家都未完全弄清。根据电化学理论，拆开水分子需要的能量足以摧毁任何生物分子。然而，植物每天都在进行这一反应，却没有对自身产生不良影响。解开这个谜团，科学家就能在实验室中完成人工光合作用，从而使人工光合作用能大规模用于生产和生活。

知识延伸

CO_2是绿色植物光合作用的原料，它的浓度高低影响了光合作用反应的进行。在一定范围内提高CO_2的浓度能提高光合作用的速率，CO_2浓度达到一定值之后光合作用速率不再增加，这是因为光反应的产物有限。矿质元素直接或间接影响光合作用。例如，N是构成叶绿素、酶等化合物的元素，P是构成ATP的元素，Mg是构成叶绿素的元素。

植物为什么斑斓多彩

多彩多姿的大自然中，离不开花儿的装扮，姿态万千、颜色各异的花朵是大自然最得意的画卷。那么这些花朵的颜色是怎么形成的呢？有些植物不仅具有好看的颜色，还可以在夜晚发出亮光，这又是什么道理呢？

花冠的颜色是由花瓣细胞里的色素决定的，色素的种类很多，与花的颜色有关的色素主要是花青素和类胡萝卜素。有些植物花的颜色，不是由花冠而是由其他部分表现出来的，如八仙花的颜色是花萼的颜色，合欢花的颜色是雄蕊的颜色。

至于白花，那是因为细胞液里不含色素的缘故。有些白花，如菊花，萎谢之前微染红色，表示它这时也含有少量的花青素了。花变色的一个特殊例子是添色木芙蓉，早晨初开时是白色，中午变成淡红，下午又变成深红，一日三变，越开越美丽。又如，八仙花，初开时白色微绿，经过几天，变成淡红，或带微蓝，它不像添色木芙蓉那样朝开暮落。至于一般的花，大都初开时浓艳，后渐淡褪色。

花青素存在于细胞液中，含花青素的花瓣可呈现出红、蓝、紫等颜色。花青素在酸性溶液中呈现红色，在碱性溶液中呈现蓝色，在中性溶液中呈现紫色。可以拿一朵牵牛花做实验，把红色的牵牛花泡在肥皂水里，它很快就变成蓝色，因为肥皂水是碱性的，再把这朵蓝色的花泡到醋里，它又重新变成红色。花瓣中的类胡萝卜素主要存在于有色体中，不同种类的类胡萝卜素，能使花显出黄色、橙黄色或橙红色。花的颜色是花青素和类胡萝卜素的含量多少及酸碱度等共同作用的结果。所以，同样的种子，如果在不同的生长环境里，花朵的颜色也会出现差异。

知识延伸

植物不仅呈现出千姿百态、万紫千红。有些植物还会发光呢？这是因为这些植物体内有一种特殊的发光物质——荧光素和荧光酶。生命活动过程中要进行生物氧化，荧光素在酶的作用下氧化，同时放出能量，这种能量以光的形式表现出来，就是我们看到的生物光。生物光是一种"冷光"，它的发光效率很高，有95%的能转变成光，不像白炽灯泡有95%的能变成热消耗掉，只有极少量的能变成光，实在可惜。生物光的光色柔和、舒适，让我们模拟生物发光的原理，为人类制造出更多新的高效光源来吧！

43 大蒜为什么有
天然杀菌功能

为了预防流行感冒，或者是在生吃一些海鲜等食物时，大人们都会让我们吃一些生蒜，说蒜可以消毒杀菌，真的是这样吗？小小的蒜头为什么可以杀死细菌呢？

原来，大蒜含有蒜氨酸和蒜酶，这两种成分在鳞茎中是相互独立存在的，把蒜头捣碎后，这两种物质便能相互接触，在蒜酶的作用下，蒜氨酸可以得到充分的分解，从而生成有挥发性的大蒜素，大蒜素有很强的杀菌能力，进入人体内能与细菌的胱氨酸（细菌的蛋白成分）发生反应，生成结晶状沉淀物，抑制细菌的繁殖和生长，从而起到杀菌作用。

大蒜既是一种美味的蔬菜，又有很好的药用价值。大蒜有"胃肠消毒剂"之称，生吃大蒜，对预防细菌性痢疾、肠炎等肠道疾病有较好的效果。对病原菌和寄生虫都有良好的杀灭作用，可以起到预防流感、防止伤口感染、治疗感染性疾病和驱虫的作用。

很多家长会让小朋友们尝试着吃一些生的大蒜，的确，科学地吃一些生蒜确实很有好处，可预防肠炎、腹泻，但如已发生了腹泻，食用大蒜治疗就应慎重，不宜一次吃太多。当发生非细菌性肠炎、腹泻时，则不宜生食大蒜。因为，当肠道局部黏膜组织有炎症时，肠壁血管扩张、充血、肿胀、通透性增加，机体组织大量蛋白质和钾、钠、钙、氯等电解质以及液体渗入肠腔，大量液体刺激肠道，使肠蠕动加快、增强，因而出现阵阵腹痛，频频腹泻等症状。如果此时再吃生大蒜，虽有抗菌作用，但具有辛辣味的大蒜素也会刺激肠道，使肠黏膜充血、水肿加重，促进渗出，从而有加重病情恶化的可能。

知识延伸

大蒜含有较为全面的微量元素，其钾和磷的含量较高。近年来，由于人们的膳食结构不够合理，人体对硒的摄入减少，使得胰岛素合成下降，而大蒜中硒含量较多，对人体胰岛素的合成起到一定的作用。所以，糖尿病患者多食大蒜有助于减轻病情。常食大蒜还能延缓衰老，因为大蒜有很强的抗氧化活性。经常接触铅或有铅中毒倾向的人食用大蒜，能有效地防治铅中毒。

吃大蒜的好处很多，但是大蒜吃进肚里后，嘴里总有一种难闻的气味，这种气味主要来源于大蒜里的蒜茸。嚼口香糖或茶叶只能暂缓口气，并不能彻底去除，打嗝时难闻的气味又会回来。最好的方法就是：吃完大蒜后，喝一杯牛奶，牛奶与大蒜发生反应，可以彻底去除蒜味。喝牛奶的时候注意要小口慢喝。

44 发生在水果上的化学

秋天是苹果收获的季节，那时候我们的爸爸妈妈都会热衷于买很多的苹果放在家里。如果你细心的话，会发现苹果的滋味各不相同，有一句很有哲理的话：你永远不知道下一个苹果是什么滋味。而造成苹果味道不同的一个重要原因就是其生熟程度。

　　熟透了的苹果与生苹果的滋味相差很多，一个是又酥又香又甜，一个是又青又涩又硬，也没什么甜味。青来源于其中的叶绿素，涩来自于其中的单宁，而硬主要是果胶的功能，不甜则是因为淀粉还没有转化成糖。等到应该成熟的时候，植物中就会产生乙烯，水果中的各部分就像听到冲锋号一样，开始一场化学大战。果胶转化为能溶于水的物质，使果实变软了。单宁已被转化成别的物质，果实的涩味就会消失。淀粉逐渐变成葡萄糖等糖类物质，苹果就会变甜，还有的糖被氧化生成醇类。生苹果中含有不少有机酸，使生苹果味道很酸。在苹果成熟的时候，有机酸也发生了化学变化，有的已经被碱性物质中和，有的与苹果中由糖类转化成的醇类发生化学反应，生成有香味的酯类，所以熟苹果不酸而且有香味。

苹果的成熟是因为产生了乙烯，其他的水果也不例外。于是人们便将乙烯巧妙地加以利用，既可以对水果进行催熟，也可以减慢水果的成熟过程。那些经过保存运输的"生"水果，在分销之前需要进行"催熟"操作。由于乙烯是气体，使用起来显然不方便。现在一般用的是一种叫作"乙烯利"的东西。它本身跟乙烯是完全不同的化学试剂，但是会在植物体内转化成乙烯。低浓度的乙烯利安全无害，所以不用担心用它"催熟"的水果有害健康。

人们崇尚自然成熟的果实，但是如果想吃到远方的自然成熟的水果是不可能的。因为水果一旦成熟，即使被摘下了，内部的生化反应还是难以遏制。比如说，糖转化成酒精、水果进一步变软，紧接着就是烂掉。而且，这个过程发生起来非常迅猛。这时就可以适当控制乙烯的产生。比如香蕉，在很生的时候收割下来，放置在乙烯产生最慢的温度下，就可以放置很长的时间而不烂掉。如果包装的箱子或者箱内有能够吸附乙烯的材料，就更有助于把乙烯的浓度控制得更低，大大延长保存时间。到了需要的时候，把"昏睡"的香蕉们用乙烯"唤醒"，就可以在几天之内变熟。一般而言，热带和温带的水果对乙烯都很敏感，芒果、猕猴桃、苹果、梨、柠檬等也都采取这样的保存方式。

知 识 延 伸

高档水果一般都包着一层纸或者泡沫。这不仅是为了好看或者"高档"，因为水果如果在运输中"受伤"，会刺激乙烯的分泌。在运输过程中，"摩肩接踵"的水果们难免磕磕碰碰，虽然只是小伤但也足以使得它们产生更多的乙烯，加速成熟和腐烂。而成熟变软又使得它们更加容易受伤。良好的包装减少了这种受伤的机会，有助于减少损失。

45 植物之间的战争

看似静止的植物同样有着不可小觑的能量，在丰富多彩的植物世界里，有许多种植物都会利用自己特有的分泌物质作为"化学武器"来对付昆虫和其他动物，有的甚至会对付自己的同类和其他植物，这就是植物的化学战。

例如，苦苣菜就是欺弱称霸的典型。它是一种杂草，可是你千万别小看它，它竟敢欺侮比它高大的玉米和高粱。在玉米和高粱地里，如果苦苣菜成群，它们就会称王称霸，并将高粱玉米致于死地。苦苣菜使用的法宝就是它们根部分泌的一种毒素，这种毒素能抑制或杀死它周围的作物。再如，小小的紫云英，也常常依仗自己叶子上丰富的硒去杀伤周围的植物。下雨天气是它杀伤其他植物的有利天时，硒被雨水冲涮、溶解，流入土中，就会毒死与它共同生长的植物，成为小小的一霸。

生长在美国加州南部草原上的野生灌木鼠尾草，称霸得更凶，它的叶子能释放出大量的挥发性化学物质。这些物质能透过角质层，进入植物的种子和幼苗，对周围一年生植物的发芽、生长产生毒害。鼠尾草的这种"化学武器"十分厉害，在每棵鼠尾草周围1~2米之内，竟寸草不长！

在葡萄园的周围，如果种上小叶榆，葡萄就会遭殃。小叶榆不容葡萄和它共生，它的分泌物对葡萄是一种严重的威胁，因此葡萄的枝条总是躲得远远的，背向榆树而长。如果榆树离葡萄太近，那么，榆树分泌物的杀伤力就更大，葡萄的叶子就会干枯凋萎，果实也结得稀稀拉拉。如果葡萄周围是榆树林带，距离榆树林带数米处的葡萄几乎全被它们致死。

在果园里，核桃树对苹果树总是不宣而战，它的叶子分泌的"核桃醌"偷偷地随雨水流进土壤，这种化学物质会对苹果树的根起破坏作用，引起细胞质壁分离，因此，苹果树的根就难以成活。此外，苹果树还常受到树荫下生长的苜蓿或燕麦的"袭击"，使其生长受到抑制。

植物之间的"化学战"使用的都是"化学武器"，而这些"化学武器"都是它们各自特有的化学分泌物质。各国对植物化学分泌物质的研究都很重视，现已形成了一门崭新的学科——化学生物群落学。植物的分泌对于它们的生活有着极其重要的意义，研究植物的分泌，可以为作物的间作、套种、混作，为合理地选配造林树种以及合理地布置果园提供可靠的科学依据。

在农业生产上，人们还常常利用植物特有的"化学武器"来防治病虫害和消灭田间杂草，这对农业增产、减少使用农药、避免环境污染有着重要意义。例如，菜粉蝶害怕番茄或莴苣的气味，只要把番茄或莴苣跟甘蓝种在一起，就可以使菜粉蝶不敢靠近，从而使甘蓝免受菜粉蝶之害。在大豆地里种上一些蓖麻，蓖麻的气味会使危害大豆的金龟子退避三舍。韭菜可以充当大白菜的"保健大夫"。大蒜能抑制马铃薯晚疫病的蔓延。洋葱跟胡萝卜间作，可以互相驱逐对方的害虫，等等。

知识延伸

在植物界也有双方鏖战、两败俱伤的情况。例如，菜园里的甘蓝和芹菜就是一对"冤家"，它们的根部都能分泌化学物质，作为杀伤对方的"化学武器"。两者碰在一起，谁都不示弱，结果搏斗一番，弄得两败俱伤，双双枯萎。水仙花和铃兰花都是人们喜爱的花卉，如果把它们放在一起，双方也会有一场激战。双方散发的香味都是制服对方的"武器"，一场激战过后，结果双双枯萎。

植物里的 "毒王"

很多植物看起来柔柔弱弱，实际上却有剧毒，一不小心误食就有可能造成严重的中毒。而且这些植物，绝对不是什么稀有植物，有的在生活中很容易见到，你可要提高警惕了！

蓖麻是一种比较常见的野生植物，其种子中含蓖麻毒蛋白及蓖麻碱，特别是前者，可引起中毒。4～7岁小儿误食蓖麻子2～7粒可引起中毒、致死。成人误食20粒可致死。非洲产蓖麻子2粒即可使成人致死，1粒就会使儿童中毒死亡。蓖麻毒蛋白可能是一种蛋白分解酶，7毫克即可使成人致死。

　　另一种含有剧毒的植物叫见血封喉，是比较稀少的；见血封喉是世界上最毒的树，我国云南西双版纳和海南海康都有分布。其树液有剧毒，树液由伤口进入人体内引起中毒，主要症状有肌肉松弛、心跳减缓，最后心跳停止而死亡。中毒后20分钟至2小时内死亡。走在西双版纳的热带雨林里，你必须十分谨慎加小心，因为一不留意，就可能撞上全世界最毒的植物——见血封喉。过去，见血封喉的汁液常常被用于战争或狩猎。人们把这种毒汁掺上其他配料，用文火熬成浓稠的毒液，涂在箭头上，野兽一旦被射中，入肉出血，跳跳脚就立即倒地而死，但是这样的猎物也是不能吃的，带有毒性。

　　有毒的植物其实并不止这两种，只不过是有的植物含的毒素不那么剧烈。世界上有毒植物约有2000多种，中国有毒植物有

943 种，外加毒蕈 83 种。植物毒素多对自身有保护作用，在一定剂量范围内也是天然药物。很多植物的毒素可以被人们利用，甚至可以用来治疗各种疑难症。有些可作农药，如有杀菌作用的大蒜素及人工合成的类似物乙蒜素 (抗菌剂 401、402)，具有抗烟草花叶病毒作用的海藻酸钠等。见血封喉中所含的毒素具有强心、加速心律、增加心血输出量作用，在医药上有研究价值。

知识延伸

颠茄是地球上毒性最大的植物之一，里面含有托烷类生物碱，一旦剂量足够多，会致成年人于死地。托烷类生物碱主要活性剂阿托品会攻击副交感神经系统。但同时它也可以作为乙酰胆碱酯酶抑制药，用以阻滞过度活跃的神经细胞，阿托品有助于缓解沙林和炭疽等神经毒剂的致命作用 (神经毒剂会令受害者失去对身体功能的控制)。此外，阿托品还被用于治疗青光眼，使心跳骤停的患者恢复知觉。

Part 7
核化学解读

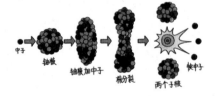
中子　铀核　铀核加中子　核分裂　两个子核　快中子

核辐射为什么会伤人

　　2011 年，最被关注的问题莫过于日本地震以及随之而来的核电站爆炸事件。此后，核辐射成了全球人所共同关注的问题，对于与日本隔海相望的中国来说，更是如此，甚至还因为碘盐可以防辐射的谣传而引发了一场抢购食盐的闹剧。终于，闹剧退场，人们开始理性地认识核辐射这个并不新鲜的事物。

地面　　建筑

宇宙　　人体内部

我们生活在一个充满辐射的环境中，这些辐射来自宇宙射线、地面和建筑物以及人体内部。它们对人体是没有危害的。然而当大量的放射性物质扩散到环境中后，就会产生超出人体承受能力的辐射，对人体造成损害。例如，原子弹爆炸，核电站的核物质泄漏等。其中轻度损伤，可能发生轻度急性放射病，如乏力，不适，食欲减退。中度损伤，能引起中度急性放射病，如头昏、乏力、恶心、呕吐，白细胞数下降。重度损伤，能引起重度急性放射病，虽经治疗但受照者有 50% 可能在 30 天内死亡，其余 50% 能恢复。表现为多次呕吐，伴有腹泻，白细胞数明显下降。核事故和原子弹爆炸的核辐射都会造成人员的立即死亡或重度损伤，还会引发癌症、不育、怪胎等。

辐射并非一个多么可怕的东西，它被广泛应用于科研、考古、医学等各个领域，甚至是食品　　　　的保鲜。将需要处理的食物放进特定的容器中，用放射性　　　　物质发出的射线照射一定的时间。这种照射能够破　　　　坏一些活性组织中的脱氧核糖核酸 (DNA)，　　　　使动植物的新陈代谢受到抑制，使　　　　新鲜的蔬菜不容易发芽，新鲜的　　　　水果不容易变色等。细心的同学会发现，很多大蒜就是到了夏天也不发芽。不仅如此，这种辐射还能杀灭食品中的细菌和微生物，使食品不容易腐败变质。在照射的过程中，食品只是受到射线的照射，并没有被放射性物质污染，也没有放射性物质残留在食品上，所以这种方法是十分安全的。经过这样处理的食品能够保持新鲜，且可保存较长的时间。

除了用于食品保鲜之外，人们也对一些农作物的种子进行辐射照射，既能杀死种子上的细菌和微生物，又能抑制种子的新陈代谢。经过处理的种子可以保存较长时间，同时可以进一步改良品种。

知识延伸

核能有巨大威力，1公斤铀原子核全部裂变释放出来的能量，约等于2700吨标准煤燃烧时所放出的化学能。一座100万千瓦的核电站，每年只需25吨至30吨低浓度铀核燃料，运送这些核燃料只需10辆卡车；而相同功率的煤电站，每年则需要300多万吨原煤，运输这些煤炭，需要1000列火车。核聚变反应释放的能量则更大。据测算1公斤煤只能使一列火车开动8米；一公斤裂变原料可使一列火车开动4万公里；而1公斤聚变原料可以使一列火车行驶40万公里，相当于地球到月球的距离。基于这些原因，开发核能一度被认为是未来解决能源危机的最好方法。

48 解密核能发电的
原理

　　人们日常所使用的电线，通常是用铜、铝等金属做导线的，因为金属是电的良导体。但是在通常条件下，金属导线都有电阻。在一根有电流的导线里，电荷的流动是受到金属导线阻力的。当我们用手摸电线或家用电器时，会感觉电线或家用电器发热，这就是因为电阻的存在造成它们升温。电流受到电阻会造成能量的大量损耗，形成能源的极大浪费。于是人们设想，能不能使电阻大大减小甚至消失，减少电流所受到的阻力，从而极大地节省能源呢？

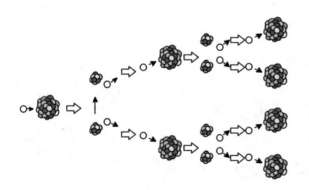

　　20世纪中期，科学家在一次试验中发现铀-235原子核在吸收一个中子以后会分裂，在放出2~3个中子的同时产生一种巨大的能量，这种能量比化学反应所释放的能量大的多，这就是我们今天所说的核能。核能的获得途径主要有两种，即重核裂变与轻核聚变。原子弹、核电站、核反应堆等都利用了核裂变的原理。

140

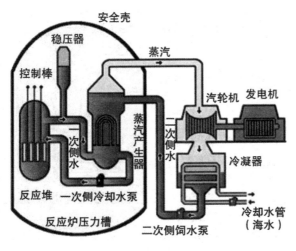

安全壳

稳压器

控制棒

蒸汽

汽轮机　发电机

蒸汽产生器

一次侧水

二次侧水

冷凝器

反应堆　一次侧冷却水泵

反应炉压力槽

二次侧饲水泵

冷却水管
（海水）

核能发电站原理图

重核裂变是指一个重原子核，分裂成两个或多个中等原子量的原子核，引起链式反应，从而释放出巨大的能量。例如，当用一个中子轰击铀－235 的原子核时，它就会分裂成两个质量较小的原子核，同时产生 2～3 个中子和 β、γ 等射线，并释放出约 200 兆电子伏特的能量！如果再用一个新产生的中子去轰击另一个铀－235 原子核，便会引起新的裂变，以此类推，裂变反应不断地持续下去，从而形成了裂变链式反应，与此同时，核能也连续不断地释放出来。轻核聚变是指在几百万度以上高温下，两个质量较小的原子核结合成质量较大的新核并放出大量能量的过程，也称热核反应。

利用核反应堆中核裂变所释放出的热能进行发电与火力发电极其相似。利用铀燃料进行核分裂连锁反应所产生的热，将水加热成高温

高压，利用产生的水蒸气推动蒸汽轮机并带动发电机。即从核能→水和水蒸气的内能→发电机转子的机械能→电能的过程。

核燃料能量密度比起化石燃料高上几百万倍，故核能电厂所使用的燃料体积小，运输与储存都很方便，一座1000百万瓦的核能电厂一年只需30公吨的铀燃料，一航次的飞机就可以完成运送。如果换成燃煤，需要每天用20吨的大卡车运儿白车才够。

核能发电不像化石燃料发电那样排放巨量的污染物质到大气中，它在发电过程中不会产生加重地球温室效应的二氧化碳。

知识延伸

核能发电有诸多优点，但也有很多的缺点，其一：核能电厂会产生高低阶放射性废料，或者是使用过量核燃料，会对地球环境和人类健康造成一定的隐患。其二：核能发电厂热效率较低，因而比一般化石燃料电厂排放更多废热到环境里，故核能电厂的热污染较严重。其三：核电厂的反应器内有大量的放射性物质，如果在事故中释放到外界环境，会对生态及民众造成伤害，切尔诺贝利事件和日本福岛事件就是证明。

49

核泄漏后的危机处理

核反应堆内核裂变可产生放射性碘。一旦发生核泄漏，放射性碘可能被核电站附近居民吸入，引发甲状腺疾病，包括甲状腺癌。这就是为什么核泄漏如此让人不安和恐惧的原因。著名的乌克兰切尔诺贝利核电站发生核泄漏后，数以千计的青少年因遭受核辐射患甲状腺癌，成为利用核能发电后的一个重大事故。日本的核电站爆炸事件再一次将核泄漏问题引入了人们的视线。

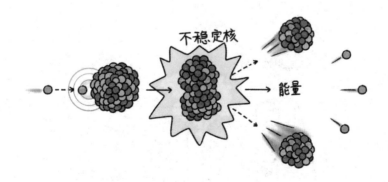

核辐射突发事件发生后，人有可能摄入放射性碘，并集中在甲状腺内，使这个器官受到较大剂量的照射。切尔诺贝利核事故的经验教训表明，放射性碘是最大的影响因素。因此，如果在吸入放射性碘的同时服用稳定性碘，能阻断90%放射性碘在甲状腺内的沉积。在吸入放射性碘数小时内服用稳定性碘，仍可使甲状腺吸收放射性碘的量降低一半左右。

日本9级大地震导致的福岛核泄漏，主要泄露的物质为碘–131，碘–131一旦被人体吸入会引发甲状腺疾病，引发低甲状腺素（简称低甲）症状，患者必须长期服用甲状腺素片，更严重的甚至可能引发甲状腺癌变。

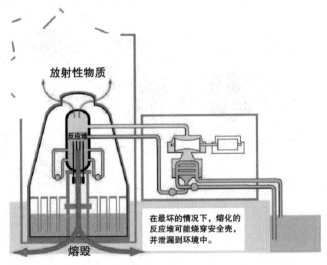

放射性物质

反应堆

在最坏的情况下，熔化的反应堆可能烧穿安全壳，并泄漏到环境中。

熔毁

福岛核泄漏示意图

核泄漏发生时，作为一个普通人应该如何防护呢？在没有下发撤离通知的情况下，要留在室内，关闭空调、换气扇和其他进风口，使用非循环空气。如果可能，进入地下室或其他地下区域。进入空气放射性物质污染严重的地区时，要对五官严防死守，如用手帕、毛巾、布料等捂住口鼻，穿戴帽子、头巾、眼镜、雨衣、手套和靴子等，有助于减少体表放射性污染。如果察觉自己已经暴露于核辐射中要更换衣服和鞋子，并将暴露过的衣物放在塑料袋中。密封塑料袋，放到偏僻处，还要彻底洗一次澡。将食品放在密闭容器内或冰箱里。事先没封的食物应先清洗再放入容器，以减少辐射遗留。

知识延伸

服用碘的确可封闭甲状腺，让放射性碘无法"入侵"，但是过量的碘会导致碘中毒。在短期内可能会出现肠部不适和过敏现象及甲状腺疾病，严重的甚至会致命。因此，在防止核辐射对人体造成的伤害时，大家大可不必惊慌。在日常生活中适当多吃一些含碘食品，海鱼、海虾、紫菜等，服用锌硒宝片，微量补充碘，确保补足身体所需的碘元素并且不会过量。

50 放射性碳素检测
在考古中的妙用

考古学家们是如何推断墓葬的年代的，你一定很想知道吧。是啊，如果没有资料记载，仅凭双眼和所学知识是绝对做不到的，还需要更加科学和客观的方法，其中，放射性碳素测定法即被当前考古工作者们所广泛应用。

放射性碳定年法，又称碳测年，是利用自然存在的碳-14同位素的放射性定年法，用以确定原先存活的动物和植物的年龄的一种方法，可测定早至五万年前有机物质的年代。地球在太空中运行，数百万年来，一直受到宇宙射线的冲击，产生了很少量的碳-14原子。碳-14原子不稳定，它在一定情况下，一定的时间里，会以射线的形式释放1个中子，变成别的原子。利用宇宙射线产生的放射性同位素碳-14的含量来测定含碳物质的年龄，就叫碳-14测年法。

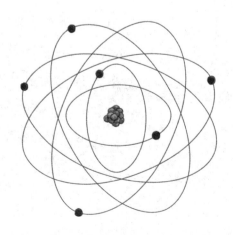

那么，碳-14测年法是如何测定古代遗存的年龄呢？原来，宇宙射线在大气中能够产生放射性碳-14，并能与氧结合成二氧化碳后进入所有活组织，先为植物吸收，后为动物纳入。因此，地球上所有生物的体内都有碳-14原子。由于活的生物不断吸收养料，进行新陈代谢，所以体内的碳-14原子总是保持一定的含量。而生物一旦死去，体内的碳-14原子逐渐消失，又没有新的碳-14原子补充，它的含量就会越来越少。其组织内的碳-14便以5730年的半衰期开始不断减少并逐渐消失。如果有100个碳-14原子，经过5730年，会有50个碳-14原子放出射线，变成别的原子；再过5730年，剩下的50个碳-14原子中又会有25个放出射线，变成别的原子。也就是说，每隔5730年，碳-14原子的总数就会减少一半，完全像时钟一样守时。

对于任何含碳物质，只要测定剩下的放射性碳–14的含量，就可推断其年代。具体做法是用仪器测量出现在活的生物体内的碳–14原子含量，然后与考古文物中的碳–14原子含量进行比较，就能够比较精确地知道文物的大致年代了。对于考古学来讲，这是一个准确的定年法技术。例如：周口店山顶洞人的年代，从前只能大致定为旧石器时代晚期，最初估计为距今十万年左右，经碳–14测定，则距今约两万年。

碳14测年法概述图

知识延伸

除了以上介绍的几种断代方法以外，还有测量古代金属和陶瓷的热释光法；测量人类化石或遗址被覆盖在火山灰中的钾–氩法；测量古人类用火烧过的窑、炉、灶的古地磁断代法；测量古代人类用岩石制作狩猎、刮削、穿孔等工具的黑曜岩水合断代法以及花粉分析法等。

上述各种断代方法是根据各种类型的文化遗存而采用的。考古工作者会根据各种不同的情况，选择最科学、最准确的一种或者几种方法。只有在遵重科学原则的基础上，采用与研究物特点相适宜的办法，才能做出准确的断代。

148

海洋核能是
取之不竭的能源吗

太阳能是地球上的无限能源，而使火继续燃烧的煤、石油、天然气等却是地球上的有限资源，最终有一天会被开采殆尽，到那时，我们靠什么来获得能源呢？于是，科学家们将目光投在了广阔的海洋。波涛汹涌的海洋不仅可以给我们提供丰富的海产品，同时也蕴藏着丰富的能源。

149

核能是人类最具希望的未来能源。目前人们开发核能的途径有两条：一是重元素的裂变，如铀的裂变；二是轻元素的聚变，如氘、氚、锂等。不论是重元素铀，还是轻元素氘、氚，在海洋中都有相当巨大的储藏量。

铀是高能量的核燃料，然而陆地上铀的储藏量并不丰富，且分布极不均匀。全世界较适于开采的只有100万吨，按目前的消耗量，只够开采几十年。而巨大的海水中，却含有丰富的铀矿资源，相当于陆地总储量的几千倍。

另外，海水中存在着大量的重水分子，重水分子是由2个氘原子和1个氧原子构成的。1千克氘聚变时所释放出的能量等于燃烧4万吨优质煤释放的能量，这比目前所用核电站的铀释放出的能量大20倍。据研究，海水中氘的总贮存量大约有25万亿吨，相当于5亿亿吨石油。这些氘的聚变所释放出的能量，足以保证人类上百亿年的能源消耗。等到有一天人类学会利用氘的热核能之后，我们的能源几乎就是"取之不尽，用之不竭"了。

虽然前景美好，但是我们现在还不能利用这一浩瀚的能源。这是因为海水中含铀的浓度很低，1000吨海水中只含有3克铀。只有先把铀从海水中提取出来，才能应用。人们已经试验了很多种海水提铀的办法，如吸附法、共沉法、气泡分离法以及藻类生物浓缩法等。日本已建成年产10千克铀的中试工厂，一些沿海国家也计划建造百吨级甚至千吨级工业规模的海水提铀厂。相比较而言，氘的提取方法简便，成本较低，核聚变堆的运行也是十分安全的。因此，以海水中的氘、氚的核聚变能解决人类未来的能源需要将展示出最好的前景。

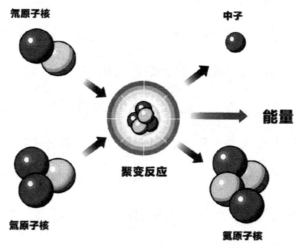

氘原子核 中子 能量 聚变反应 氚原子核 氦原子核

氘氚聚变示意图

1991年11月9日，由14个欧洲国家合资，在欧洲联合环型核裂变装置上，成功地进行了首次氘－氚受控核聚变试验，发出了1.8兆瓦电力的聚变能量，持续时间为2秒，温度高达3亿度，比太阳内部的温度还高20倍。

氘－氚受控核聚变的试验成功，是人类开发新能源的一个里程碑。在未来，核聚变技术和海洋氘、氚提取技术将会有重大突破。这两项技术的发展和不断的成熟，将对人类社会的进步产生重大的影响。

52 杀伤力巨大的核武器

核武器的威力之大相信每个同学都听说过，核武器爆炸，不仅释放的能量巨大，而且核反应过程非常迅速，微秒级的时间内即可完成。爆炸范围内形成极高的温度，加热并压缩周围空气使之急速膨胀，产生高压冲击波。地面和空中核爆炸，还会在周围空气中形成火球，发出很强的光辐射。向外辐射的强脉冲射线与周围物质相互作用，又产生电磁脉冲。这些不同于化学炸药爆炸的特征，对现代战争的战略战术产生了重大影响。

一般化学炸药爆炸时释放的能量，来自化合物的分解反应。在这些化学反应里，碳、氢、氧、氮等原子核都没有变化，只是各个原子之间的组合状态有了变化。核反应与化学反应则不一样。在核裂变或核聚变反应里，参与反应的原子核都转变成其他原子核，原子也发生了变化。因此，人们习惯上称这类武器为原子武器。但实质上是原子核的反应与转变，所以称之为核武器更为确切。

核武器爆炸时释放的能量，比只装化学炸药的常规武器要大得多。例如，1千克铀全部裂变释放的能量比1千克TNT炸药爆炸释放的能量约大2000万倍。因此，核武器爆炸释放的总能量，即其威力的大小，常用释放相同能量的TNT炸药量来表示，称为TNT当量。

核弹包括原子弹、氢弹、中子弹、三相弹、反物质弹等与核反应有关系的杀伤武器。原子弹以重核铀或钚裂变的核弹，其原理是核裂变链式反应——由中子轰击铀–235或钚–239，使其原子核裂开产生能量，包括冲击波、瞬间核辐射、电磁脉冲干扰、核污染、光辐射等杀伤作用。

氢弹是核裂变加核聚变——由原子弹引爆氢弹，原子弹释放出来的高能中子与氘化锂反应生成氚，氚和氘聚合产生能量。

氢弹爆炸实际上是两次核反应，其威力比原子弹要更加强大。如装载同样多的核燃料，氢弹的威力是原子弹的 4 倍以上。在氢弹的外层再加一层可裂变的铀 –238，破坏力和杀伤力更大，污染也更加严重，即为"脏弹"，属于第二代核武器。

中子弹以氘和氚聚变原理制作，是一种特殊类型的小型氢弹，是核裂变加核聚变——但不是用原子弹引爆，而是用内部的中子源轰击钚 –239 产生裂变，裂变产生的高能中子和高温促使氘氚混合物聚变。达到了只杀伤人员而不摧毁装备、建筑，不造成大面积污染的目的。最适合杀灭坦克、碉堡、地下指挥部里的有生力量。

广岛原子弹爆炸

知识延伸

　　核武器系统，一般由核战斗部、投射工具和指挥控制系统等部分构成，核战斗部是其主要构成部分。核战斗部亦称核弹头，并常与核装置、核武器这两个名称相互代替使用。实际上，核装置是指核装料、其他材料、起爆炸药与雷管等组合成的整体，可用于核试验，但通常还不能用作可靠的武器；核武器则指包括核战斗部在内的整个核武器系统。

53 超级无敌的核火箭

火箭要飞向太空，需要巨大的能量，使火箭飞向太空的巨大能量是从哪里来的呢？也许你觉得回答这个问题并不难，当然是由燃料提供的。如果再问你火箭升空所用的是什么燃料，可能你就答不上来了。燃料的种类很多，像木柴、煤、汽油等都是燃料。火箭飞向太空所需的能量是由哪些燃料提供的呢？

火箭升空，要有很快的速度才能克服地球引力飞向预定的轨道。这就要求它所带的燃料体积小、质量轻并且产生的热量足够大，这样才能产生很大的推力。同时要求燃料的燃烧容易控制，燃烧的时间要长。哪种物质能担当这一角色呢？

固体燃料是常用的一种燃料，它的燃烧十分剧烈，能够产生巨大的推力，但它的燃烧时间短，控制起来也不容易。液体燃料则能克服固体燃料的不足。所谓液体燃料，是指像煤油、酒精、液氢一类的燃料，它们在燃烧时释放出的能量大，能产生足够的推力，并且燃烧的时间比固体燃料长，控制起来也容易。目前火箭所用的都是高能液体燃料，如液氢和煤油、四氧化二氮等。随着科技的不断进步，人们不断地研究和制出更好的火箭所需的燃料，在利用原子能方面人们也在不断探索以原子能作为能量的火箭——核能火箭。

核能火箭发动机是以核裂变或核聚变产生的能量转化为推进动力的装置。由于核反应中单位质量物质产生的能量理论上是化学反应能量的108倍左右，这就意味着核能火箭比化学火箭产生的推力大得多，飞行速度也快得多。一旦研制工作彻底完成，便可以让飞行器飞得更快、更远，完成以前化学燃料火箭所不能完成的多项任务。以木星探索为例，由于需要借助行星引力场来加速，老式的"伽利略"号需用6年的时间来完成飞行，可如果用核能的话，则仅需2年便可以直接飞往木星。利用核能作动力还能让飞行器往返于地球和外太空之间。不过这在当前的技术条件下是无法实现的，还没有一种飞行器能够携带足够的燃料完成这样的任务。比如，探测器降落到木星、卫星等星球的表面后，可使用当地冰层中的氢为自己补充动力原料，然后再飞回地球。但目前人们还只能利用不可控核聚变反应制造氢弹，而火箭需要的受控核聚变反应还在研究中。

知识延伸

　　核动力引擎一旦发射过程中出现故障或失败，对地球上的生物就会产生放射性危害。因此科学家设想，火箭发射开始阶段使用传统的化学燃料，当到达大气层一定高度时，再启动核动力发动机，这样便可以大大减少其对地球生命可能造成的伤害。

157

Part 8

化学家的故事

54 诺贝尔与炸药的
不解之缘

　　在世界科学史上，有这样一位伟大的科学家：他不仅把自己的毕生精力全部贡献给了科学事业，而且还在身后把自己的遗产全部捐献给科学事业，用以奖励后人向科学的高峰努力攀登。今天，以他的名字命名的科学奖，已经成为举世瞩目的最高科学大奖。你一定已经猜到了，他就是瑞典著名的化学家——诺贝尔。

　　诺贝尔奖是全世界家喻户晓的，是科学家们的最高荣誉。然而，给世界人类带来巨大希望和恩惠的诺贝尔奖创立者诺贝尔本人却少有人了解。诺贝尔从青年时期就致力于科学研究。他的一生几乎都用在了研制安全的炸药上。过去，人们是用点燃导火索的办法，来引起黑色火药爆炸的，安全可靠。但是，这种办法却不能使爆炸威力更强的硝化甘油发生爆炸。硝化甘油既容易自行爆炸，又不容易按照人的要求爆炸，所以在发明以后的十几年间，除了用来治疗心绞痛以外，并没有人把它当炸药用。

诺贝尔父子在斯德哥尔摩市郊建立试验室，首次研制出解决炸药引爆的雷汞管。1863 年开始生产甘油炸药，由于液体炸药容易发生爆炸事故，1866 年，他制造出固体的安全猛烈的炸药"达那马特"，这一产品成为以后诺贝尔国际性工业集团的基石。1867 年又发明了安全雷管引爆装置，随后又相继发明多种威力更大的炸药。他毕生共有各类炸约及人造丝等近 400 项发明，获 85 项专利。这些发明使诺贝尔在世界化学史上占有重要地位。

诺贝尔

诺贝尔研制安全炸药的道路上总是与坎坷相伴。别人买了他制造的硝化甘油后，经常发生爆炸：美国的一列火车，因炸药爆炸，被炸成了一堆废铁；德国的一家工厂，因炸药爆炸，厂房和附近民房，全部变成了一片废墟；"欧罗巴"号海轮，在大西洋上遇到大风颠簸，引起硝化甘油爆炸，船沉人亡。这些惨痛的事故，使世界各国对硝化甘油失去信心，有些国家，甚至下令禁止制造、贮藏和运输硝化甘油。面对这种艰难的局面，诺贝尔没有灰心，他深信完全有可能解决硝化甘油不稳定的问题。一年过去了。诺贝尔在反复试验中发现：用一些多孔的木炭粉、锯木屑、硅藻土等吸收硝化甘油，能减少容易爆炸的危险。最后，他用一份重的硅藻土，去吸收三份重的硝化甘油，第一次制成了运输和使用都很安全的硝化甘油工业炸药。这就是诺贝尔安全炸药。不久，诺贝尔建立了安全炸药托拉斯，向全世界推销这种炸药。从此，人们结束了手工作坊生产黑色火药的时代，进入安全炸药的大工业生产阶段。现在修路、爆破危楼都需要安全炸药，可以说，诺贝尔实现了他的夙愿，那就是用炸药来提高生产。

知识延伸

要炸药在生产上发挥其威力，一要爆炸力强，二要安全可靠，三要按照人的要求随时爆炸。诺贝尔制成了安全炸药、无烟火药，又制成了引爆用的雷管，很好地解决了这三大难题。人们称诺贝尔是炸药大王，他是当之无愧的。

镭的母亲 居里夫人

居里夫人的大名相信你一定听说过，她是法国的物理学家、化学家。作为世界著名科学家，研究放射性现象，发现镭和钋两种天然放射性元素，被人称为"镭的母亲"。居里夫人是仅有的两个一生获得两次获诺贝尔奖的女科学家。

居里夫人的故事曾经激励过一代又一代人。在研究镭的过程中，她和她的丈夫皮埃尔·居里历时 3 年零 9 个月才从成吨的矿渣中提炼出 0.1 克的镭。

居里夫人和她的丈夫经常在一起进行放射性物质的研究，以沥青铀矿石为主，因为这种矿石的总放射性比其所含有的铀的放射性还要强。他们在极其困难的条件下，对沥青铀矿进行分离和分析，终于在 1898 年 7 月和 12 月先后发现两种新元素。为了纪念她的祖国波兰，她将一种元素命名为钋，另一种元素命名为镭。为了制得纯净的镭化合物，居里夫人又历时四载，从数以吨计的沥青铀矿的矿渣中提炼出 100 毫克氯化镭，并初步测量出镭的相对原子质量是 225。这个简单的数字中凝聚着居里夫妇的心血和汗水。直到死后 40 年，在她用过的笔记本里还有镭射线在不断释放。

实验室里的居里夫人

1897 年，居里夫人选定了自己的研究课题——对放射性物质的研究。这个研究课题，把她带进了科学世界的新天地。居里夫人和她的丈夫在一间陋室内开始了提炼镭的工作。每天居里夫人穿着沾满灰尘和污渍的工作服，翻倒矿石，搅拌冶锅，倾倒溶液，干个不停。矮小的实验室内，铁屑飞扬，蒸汽熏人，而居里夫人那时又正害着结核病，但她丝毫不顾这些，依然顽强地工作。经常连饭都带到实验室来吃，更不要说稍微休息一会儿了。有时候整天用一根粗重的铁条，搅拌一堆沸腾的东西。到了晚上，已是精疲力尽，不能动弹。就这样，经过 45 个月的艰苦努力，居里夫妇终于从 400 吨铀沥青矿渣，1000 吨化学药品和 800 吨水中，提炼出微乎其微的 1 克纯镭。而居里夫人的体重却因此而减轻了 14 斤！

之后居里夫人又因为成功分离了镭元素而获得诺贝尔化学奖。出乎意外的是，在居里夫人获得诺贝尔奖之后，她并没有为提炼纯净镭的方法申请专利，而将之公布于众，这种作法有效地推动了放射学的发展。在第一次世界大战时期，居里夫人倡导用放射学救护伤员，推动了放射学在医学领域里的运用。

知识延伸

居里夫人终生为人类的幸福献身科学，她辛勤地开垦了一片处女地，最终完成了近代科学史上最重要的发现之一——放射性元素镭，并奠定了现代放射化学的基础，为人类做出了伟大的贡献。她先后获得奖金 10 种之多、奖章 16 种之多，以及 100 多个名誉头衔，但却从不计较个人的私利和荣誉。1914 年，巴黎建成了镭学研究院，居里夫人担任了学院的研究指导。以后她继续在大学里授课，并从事放射性元素的研究工作。她毫不吝啬地把科学知识传播给后来的科学工作者。

门捷列夫
制定元素周期表

宇宙万物是由元素组成的，可是长久以来，人们都没有发现这些元素是以什么样的规律排列的。元素之间是孤零零地存在，还是彼此间有着某种联系呢？直到门捷列夫发现元素周期律，才揭开了这个奥秘。

世界上的元素林林总总，但他们并不是一群乌合之众，而是像一支训练有素的军队，按照严格的命令井然有序地排列着。可是在门捷列夫以前人们是没有发现这一点的，物质世界在当时人们的认识中还是没有规律的。直到门捷列夫发现了元素之间的规律：元素的原子量相等或相近，性质相似相近；而且，元素的性质和它们的原子量呈周期性的变化。这给揭开物质世界的规律性打下了基础。后来，门捷列夫把当时已发现的60多种元素按其原子量和性质排列成一张表，结果发现，从任何一种元素算起，每数到8个就和第一个元素的性质相近，他把这个规律称为"八音律"，这张表就是著名的元素周期表。

元素周期律使人类认识到化学元素性质发生变化是由量变到质变的过程，把原来认为各种元素之间彼此孤立、互不相关的观点彻底打破了，使化学研究从只限于对无数个别的零星事实作无规律的罗列中摆脱出来，从而奠定了现代化学的基础。

门捷列夫

元素周期表的意义非同一般。首先，科学工作者可以据此有计划、有目的地去探寻新元素，既然元素是按原子量的大小有规律地排列，那么，两个原子量悬殊的元素之间，一定有未被发现的元素，门捷列夫据此预设了类硼、类铝、类硅、类锆4个新元素的存在。不久预言即被证实。其他科学家又发现了镓、钪、锗等元素。迄今，人们发现的新元素已经远远超过上个世纪的数量。归根到底，都得利于门氏的元素周期表。其次，可以矫正以前测得的原子量，因为根据元素周期律，以前测定的原子量许多显然不准确。门捷列夫在编元素周期表时，重新修定了一大批元素的原子量。后来的科学实验，证实他的猜想完全正确。1875年，法国化学家布瓦博德朗宣布发现了新元素镓，并宣布它的比重为4.7，原子量是59。但门捷列夫根据周期表，断定镓的性质与铝相似，比重应为5.9，原子量应为68，而且断定镓是由钠还原而得。后来的实验证明镓元素的比重为5.94，原子量为69.9，和门捷列夫所言极为接近。按门氏提供的方法，布氏重新提纯了镓，原来不准确的数据是由于其中含有钠，使得结果和实际有了偏差。

古希腊人以为只有水、土、火、气四种元素，古代中国则相信金、木、水、火、土五种元素之说。到了近代，人们才渐渐明白：元素是多种多样的。元素周期表产生后，人类在认识物质世界的思维方面有了新的飞跃。例如，通过周期表，有力地证实了量变引起质变的定律，原子量变化，引起了元素的质变。再如，从周期表可以看出，对立元素（金属和非金属）之间在对立的同时，明显存在统一和过渡的关系。现在哲学上有一个定律，说事物总是从简单到复杂螺旋式上升。元素周期表正是如此，把已发现的元素分成8个家族，每族划分5个周期，每个周期、每一类中的元素，都按原子量由小到大排列，周而复始。

57　两位化学家的友谊

在德国历史上，歌德和席勒的伟大友谊以及他们的不朽著作在世界文坛掀起阵阵狂飙，马克思和恩格斯结成亲密战友，创立了伟大的马克思主义学说。类似的是，在德国化学界，李比希和维勒这一对闪闪发光的双子星座同样耀眼。他们真诚的友谊和卓有成效的合作，照亮了德国化学发展的道路，成为千古传颂的佳话，为世代化学家树立了光辉的典范。

尤斯图斯·冯·李比希

李比希和维勒都是自幼就对化学研究产生浓厚的兴趣。他们的相识源于一个化学上的"纠纷"。李比希在研究硫酸银的时候，发现与维勒测定的氰酸银的组成完全相同。两种不同性质的物质何以组成相同？李比希认为维勒的实验结果是错误的。谦虚谨慎的维勒对李比希的批评没有反驳，而是重新验证了分析结果，最后发现双方的测定数据都准确无误。这一重要成果导致了同分异构现象的发现，为人们探索分子内部原子的排列提供了一条极为重要的线索。正是氰酸盐研究的机缘成为他们相识和合作的契机。于是在 1826 年两人第一次会见时，都为对方追求真理的精神和严谨求实的治学态度所感动，决定联手进行化学研究。从此，两位素不相识的青年人结成享誉世界和卓有成效的研究同盟，在长达 44 年的交往中亲密无间，配合默契，使他们成为德国乃至世界化学界的中坚力量，成为近代有机化学和无机化学的伟大奠基者。

李比希和维勒出身于不同的家庭，经历了不同的成长道路，有着完全不同的性格和教养。李比希充满幻想的思维方式和狂热的钻研精神，当一个问题出现时，他总是大刀阔斧地进行剖析，不达目的决不罢休。维勒则完全属于另一种类型的学者。良好的家庭教育，使他从小养成了一种谦虚谨慎和温良敦厚的性格。他处事冷静，考虑问题细致周密，善于根据预先制定的计划进行精雕细刻的研究。

一旦取得了成果，也并不忙于发表，而是进行反复验证，直到再也找不到任何纰漏和可疑之点为止。性格上的巨大差异并没有成为他们交往合作的障碍。他们在关于安息香酸的一系列研究中发现了苯甲酰基，为基团论学说提供了有力的实验依据；通过对氰尿酸的精心研究，搞清了它的组成和性质；共同研究了密石酸的组成和扁桃酸发酵机理，制备了尿酸的多种衍生物；他们还研究了苯六甲酸、苦扁桃油、那可汀、配糖体、乳浊液；一起编辑了对化学发展有着重大影响的化学辞典、李比希化学年鉴，联名发表了几十篇极有价值的有机化学方面的学术论文。

知识延伸

李比希和维勒的合作非常著名，同时各自也有着不同的贡献和地位。李比希创立了有机化合物的经典分析法，奠定了有机化学的基础，开创了农业化学，被誉"农业化学之父"。由于一系列卓越贡献，他被誉为"德国化学之父"。维勒一生主要从事有机合成和无机物的研究，在无机化学领域发现了金属铝、铍和钇，还制得了铝，发现和分离出硼和硅。在有机化学领域，除了与李比希的共同研究之外，维勒的最大贡献就是第一次用人工的方法合成了有机物尿素，给长期统治化学界的"活力论"以致命一击，开创了有机化学发展的新时代。

氧气的发现者舍勒

瑞典是个化学家辈出的国家，舍勒也是其中著名的一位。舍勒的贡献首先在于他是氧气的发现人之一，同时对氯化氢、一氧化碳、二氧化碳、二氧化氮等多种气体，都有深入的研究，并且还发现了许多人们过去不认识的化学物质。

瑞典化学家卡尔·威尔海姆·舍勒

虽然舍勒是一位非常知名的化学家，但是他生前却经常处于穷困之中，很多实验工作都是用简陋的仪器在寒冷的实验室中进行的。舍勒很早就对化学发生了兴趣，他一生尽瘁于化学事业，对于当时一些有名的化学书里的实验，他都重复做过。他进行了大量的实验研究，在实验研究中发现了许多新物质。

在舍勒短暂的生命里，他取得了相当多的成果，首先发现了氧、氯、氟、氨、氯化物、氢氟酸、钨酸、钼酸等几十种新元素和化合物，他一生发现的新物质有 30 多种。这在当时是绝无仅有的。舍勒还对空气的成分进行过出色研究，为此他做过许多杰出的实验。舍勒的杰出贡献，给化学的进步带来了巨大的影响。舍勒是近代有机化学的奠基人之一。

舍勒的一生可以说是非常辉煌的，他对化学贡献非常之多，其中最重要的是发现了氧，舍勒分别通过硝酸钾、硝酸镁、碳酸银、碳酸汞、氧化汞等盐的热分解，以及软锰矿与浓硫酸的共热制得了氧气，并对氧气的性质进行了研究。舍勒把自己的研究成果汇集于《论空气和火的化学》一书中，但由于出版商的延误，此书于 1777 年才出版。而英国化学家普利斯特里于 1774 年制得并研究了氧气后，很快就发表了论文。因此化学史上认为，舍勒和普利斯特里各自独立发现了氧气，他们都是氧气的发现者。舍勒还曾用硫黄与铁粉的混合物来吸收空气中的氧气而取得氮气，当时他称为"浊气"或"乏空气"。他是第一个认为氮气是空气成分之一的人。

舍勒在化学上的另一个重要的贡献，是发现了氯气。18世纪后期由于冶金工业的发展，开展了对各种矿石的研究。其中有一种叫做软锰矿的，舍勒经过 3 年功夫，确定它是一种新金属的氧化物。软锰矿不溶于稀硫酸和稀硝酸中，但能溶于盐酸，并立即冒出一种令人窒息的黄绿色气体。他用这种气体作了种种实验，发现它微溶于水，使水略有酸味；具有漂白作用，能使蓝色的纸条几乎变白，又能漂白有色花朵和绿叶；还能腐蚀金属；在这种气体中的昆虫会立即死去，火也立即熄灭。

知识延伸

舍勒的研究涉及化学的各个分支，除了发现了氧、氮、氯等以外，还发现了砷酸、钼酸、钨酸、亚硝酸，他研究过从骨骼中提取磷的办法，还合成过氰化物，发现了砷酸铜的染色作用。舍勒发现的有机和无机物不下 30 种。他证明植物中含有酒石酸；还从柠檬中制取出柠檬酸的结晶；从肾结石中制取出尿酸；从苹果中发现了苹果酸；从酸牛奶中发现了乳酸；还提纯过没食子酸。当时的有机化学还很落后，缺乏系统的理论，在这种情况下，舍勒能发现十几种有机酸，实在难能可贵。舍勒还曾研究过许多矿物，如石墨矿、二硫化铜矿等，提出了有效地鉴别矿物的方法。在生物化学中，解决了食醋长期保存的问题，这种方法后来被微生物学家所采用。

59 苯环的发现者
凯库勒

　　著名的苯环结构发现者凯库勒的化学之路可以说是非常传奇的，据说他从小就有着非凡的文学细胞，然而他的父亲却安排他去学建筑。谁知机缘巧合，居然结识了大化学家李比希，从此强烈地迷恋上化学，以至于他下决心改修化学，并最终取得了举世公认的地位。

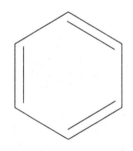

　　凯库勒之所以从事化学还要从一个与化学有关的案件说起，这就是轰动一时的赫尔利茨伯爵夫人的案件。案情是这样的，住在凯库勒对面的伯爵夫人家发生火灾，而恰好在那天，伯爵夫人的宝石戒指失窃了。后来，在她仆人那儿搜到一枚相同的戒指，可仆人却一口咬定说早在1805年这枚戒指就成了他的祖传宝贝。伯爵夫人的

174

戒指上有两条蛇缠在一起，一条是黄金做的，另一条是白金做的。而仆人却说他的戒指上的白蛇是白银做的。

于是，李比希被法庭请去对戒指的金属成分进行测定。作为化学界权威，李比希在法庭上慎重宣布：白蛇是用白金制成的，而不是白银做的。而且，白金用于首饰业是从 1819 年才开始的，而仆人却称这只戒指早在 1805 年就到了他手中。仆人的谎言不攻自破，终于供认了盗窃戒指的事实。李比希的渊博学识给凯库勒留下了深刻的印象，使他坚定了献身化学的决心。

德国化学家凯库勒

19 世纪中叶，随着石油工业、炼焦工业的迅速发展，有机化学的研究也随之蓬勃发展。当时，化学家们面临着一个难题，那就是如何理解苯的结构。苯分子中含有 6 个碳原子和 6 个氢原子，但它的分子结构在当时成了一个无法解开的难题。这时，凯库勒也着手探索这一难题。他的脑子里始终充满着苯的 6 个碳原子和 6 个氢原子，设想过几十种可能的排法，但都是错误的。直到一天晚上，凯库勒坐马车回家。过度用脑的他在摇摇晃晃的马车上睡着了。半梦半醒之间他看见碳原子和氢原子在眼前飞动，变幻着各种各样的花样。忽然，变成了伯爵夫人戒指上的那条白蛇，蛇扭动着身子，最后咬住了自己的尾巴，变成了一个环……清醒过来的凯库勒马上想起苯的结构，认定它一定是像蛇那样头尾相接的环状结构。凯库勒立即奔向书房，迫不及待地抓起笔在纸上画了起来。一个首尾相接的环状分子结构就出现了。经过进一步论证，凯库勒终于第一个提出了苯的环状结构式，解决了有机化学上长期悬而未决的一个难题。

知识延伸

苯是一种石油化工基本原料。它难溶于水，易溶于有机溶剂，本身也可作为有机溶剂。苯的产量和生产技术水平是一个国家石油化工发展水平的标志之一。凯库勒受到梦境的启示，发现苯的环状结构，从表面上看，是一种偶然，但实际上这正是他连续几个月来日夜思考而导致的必然。凯库勒的创造性贡献，奠定了他在有机化学结构发展史上的显赫地位，使得人类对有机化学结构的认识产生了一大飞跃。

60 近代化学之父 道尔顿

化学是在近代兴起的一门学科，无数的科学先驱者为这门学科奠定了理论基础，英国物理学家、化学家约翰·道尔顿就是其中的一位。道尔顿既具有敏锐的理论思维头脑，又具有卓越的实验才能，尤其是在对原子的研究方面取得了非凡的成果，并因而被称为"近代化学之父"。

道尔顿是英国化学家和物理学家。道尔顿最初研究气象学，自 1787 年起，连续 50 多年作气象观测日记。1801 年在研究气象学的过程中提出了"气体分压定律"，即"道尔顿定律"。但他的主要研究工作是在化学方面。他曾测定出水的密度随温度而变。他还研究过气体体积随温度的变化，提出了定量的概念，总结出质量守恒定律、定比定律和化合量（当量）定律。在此基础上，1803 年又发现了化合物的倍比定律，提出了元素的原子量概念，并制成最早的原子量表。

化学中的新时代是随着原子论开始的。古希腊的自然哲学，包括元素和原子的种种学说，对道尔顿的启发很大，后又受到牛顿的影响提出原子学说，其要点为：化学元素由不可分的微粒——原子构成，它在一切化学变化中是不可再分的最小单位；同种元素的原子性质和质量都相同，不同元素原子的性质和质量各不相同，原子质量是元素的基本特征之一；不同元素化合时，原子以简单整数比结合。

道尔顿原子学说为近代化学和原子物理学奠定了基础，开辟了从微观世界认识物质及其变化的新纪元，是科学史上一项划时代的成就。

知识延伸

原子论建立以后，道尔顿名震英国乃至整个欧洲，各种荣誉纷至沓来。在荣誉面前，道尔顿逐渐改变了，变得骄傲、保守，最终走向了思想僵化、故步自封。1808年，化学家吕萨克在原子论的影响下发现了气体反应的体积定律，这一定律也是对道尔顿的原子论的一次论证，但是吕萨克定律却遭到了道尔顿本人的拒绝和反对。1811年，意大利物理学家阿佛加德罗建立了分子论，使道尔顿的原子论与吕萨克定律在新的理论基础上统一起来。他也遭到了道尔顿无情的反驳。1813年，瑞典化学家贝齐力乌斯创立了用字母表示元素的新方法，这种易写易记的新方法被大多数科学家接受，而道尔顿一直到死都是新元素符号的反对派。

气体化学探险者
盖－吕萨克

　　约瑟夫·路易斯·盖－吕萨克是法国著名的化学家与物理学家。盖－吕萨克非常重视科学观察和实验。他总是认真地把实验数据及时地一一记录下来，每当坐下来的时候，他就全神贯注地研究起那些实验现象，分析实验数据。经过认真反复的思考，谨慎地得出自己的结论。他尊重事实而不迷信权威。因此，他能够洞察人们所不知的奥秘，发现科学真理。

盖－吕萨克在化学上的贡献，首先在气体化学方面，他发现了气体化合体积定律。他的工作始于对空气组成的研究。他为了考察不同高度的空气组成是否一样，曾冒险乘坐气球升入高空进行观察与实验。这次考察活动，终于取得了大量第一手资料。但是，盖－吕萨克对首次探险的收获并不满足。一个半月以后，他单身进行了第二次升空探索。为了减轻负荷，提高升空高度，他尽量轻装。当气球升至7016米时，他毅然把椅子等随身物件扔了下来，使气球继续上升。盖－吕萨克创造了当时世界上乘气球升空的最高记录。两次探测的结果表明，在所到的高空领域，地磁强度是恒定不变的；所采集的空气样品，经分析证明，空气的成分基本上相同，但在不同高度的空气中，含氧的比例是不一样的。获得这一宝贵资料的同时，盖－吕萨克的探险精神也被世人所知。

　　发明制备碱金属的新方法，是盖－吕萨克在无机化学中的又一贡献。当时英国化学家戴维以电解法制得了金属钾和钠，于是法国国王拿破仑就命令盖－吕萨克也用电解法制取金属钾和钠。但他发现电解法制得的新金属量很少，于是开始寻找新的制备方法。他把铁屑分别同苛性钾（KOH）和苛性钠（NaOH）混合起来，放在一个密封的弯曲玻璃管内加热。

结果，在高温下熔化的苛性碱与红热的铁屑起了化学反应，生成了金属钾和钠。这种方法既简单又经济，而且可以制出大量的钾和钠。

盖－吕萨克另一个值得称道的事迹是，他帮助硫酸厂解决了毒气污染的情况。硫酸生产中的一氧化氮在与空气混合后会转变成二氧化氮，会严重污染环境。他通过研究发现，氮的几种氧化物能溶解在硫酸里，这样排出气体的毒素就被吸收，只剩下无毒气体。于是他建议建造一座高 10 ~ 15 米的吸收塔，废气从塔的底部进入后，将硫酸从塔的上部喷淋下来，当氮的氧化物遇到硫酸时便和它化合，就成为含硝硫酸，排出的就只有无毒的气体。后来，盖－吕萨克的想法在实践中被采用，这种塔也被称做"吕萨克塔"。

知识延伸

盖－吕萨克在化学领域取得的成就，受到欧洲科学界的公认。同时他也是一位非常爱国的科学家。法国人库特瓦在从海草灰中提取钾盐的过程中发现了一种未知的新物质。库特瓦成功地分离出这种物质，但这种新物质却被辗转交给了英国化学家戴维去研究。得知此事的盖－吕萨克感到本来应由法国发现的新事物如果由英国科学家来研究是一种耻辱。为了给自己的祖国争得荣誉，他日以继夜地工作，终于先于戴维制得了这一新元素，并将它命名为碘。

近代化学论的先驱
波义耳

化学史家都把 1661 年作为近代化学的开始年代，是因为这一年有一本对化学发展产生重大影响的著作出版问世，这本书就是《怀疑派化学家》，它的作者是英国科学家罗伯特·波义耳。马克思和恩格斯曾说："波义耳把化学确立为科学。"

波义耳生活在近代科学开始出现、巨人辈出的时代。那个时代，人们已经渐渐意识到科学的重要性，知识就是力量的观念深入人心。牛顿、伽利略、开普勒、笛卡尔都生活在这一时期。

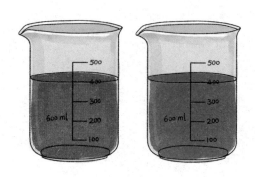

波义耳从事化学研究的原因非常特别，由于三岁时母亲便不幸去世，缺乏母亲照料的他从小体弱多病。一次患病后，因为医生开错了药而差点丧生，自此波义耳怕医生甚于怕生病，于是便下决心研究医学。当时的医生都是自己配制药物，所以研究医学也必须研制药物和做实验，这就使波义耳对化学实验发生了浓厚的兴趣。在研究医学的过程中，他翻阅了医药化学家的许多著作，波义耳为自己建造了一个实验室，整日浑身沾满了煤灰和烟，完全沉浸于实验之中，就这样开始了自己献身于科学的生活，直到逝世。

波义耳对很多前人的研究成果都持怀疑的看法，并一一通过实验来进行验证。他因研究气体的性质而闻名，以实验论证了空气的物理特性；论证了空气对燃烧、呼吸和声音的传播是必不可少的。1661年，他发表了著名的"波义耳定律"，即在恒温下，气体的体积与压力成反比。他还曾提出了区分酸、碱物质的方法，是应用化学指示剂的开端。他一生最重大的贡献是在著作《怀疑派化学家》中，抨击了亚里士多德的"土、气、火、水"四元素及帕拉采尔苏斯的"盐、硫、汞"三要素学说，他认为物质由微粒构成，不同物质由于基本微粒的数目、位置、运动不同造成，因此，他是近代化学元素理论的先驱。

在波义耳众多的科研成果中，还有几项不能磨灭的化学成就。这几项成就都是实验中敏锐观察的结果，如他发现大部分花草受酸或碱作用都能改变颜色，其中以石蕊地衣中提取的紫色浸液最明显，它遇酸变成红色，遇碱变成蓝色。利用这一特点，波义耳制成了实验中常用的酸碱试纸——石蕊试纸。将五倍子水浸液和铁盐放在一起，会生成一种不生沉淀的黑色溶液，这种黑色溶液久不变色。于是他发明了一种制取黑墨水的方法，这种墨水几乎用了一个世纪。在实验中波义耳还发现，从硝酸银中沉淀出来的白色物质，"如果暴露在空气中，就会变成黑色。这一发现，为后来人们发明照相技术做了先导性的工作。

知识延伸

波义耳在制取磷元素和研究磷、磷化物方面也取得了成果，他根据"磷的重要成分，乃是人身上的某种东西"的观点，顽强努力地钻研，终于从动物尿中提取了磷。经进一步研究后，他指出磷只在空气中存在时才发光；燃烧后会形成白烟，这种白烟很快和水发生作用，形成的溶液呈酸性，这就是磷酸，把磷与强碱一起加热，会得到某种气体（磷化氢），这种气体与空气接触就燃烧起来，并形成缕缕白烟。这是当时化学界关于磷元素性质最早的介绍。

63 挑战“燃素说”的
拉瓦锡

拉瓦锡是一位法国化学家，他最大的成就是：驳斥了“水可转化为土”这种当时流行的观念；推翻了支配化学发展长达百年的燃素说。为现代化学奠定了基础，拉瓦锡也因此被誉为是“近代化学之父”。

拉瓦锡是一位化学天才，对于化学的研究和发展有着卓越的贡献。拉瓦锡根据化学实验的经验，用清晰的语言阐明了质量守恒定律和它在化学中的运用；他还是著名的“燃烧的氧学说”的提出者。在燃素说盛行的年代，坚持燃烧不是假想的燃素的释放，而是燃烧的物质与氧的化合；拉瓦锡还发现了水是氢和氧的化合产物；与他人合作制定出化学物种命名原则，创立了化学物种分类新体系。这些工作，特别是他所提出的新观念、新理论、新思想，为近代化学的发展奠定了重要的基础，因而后人称拉瓦锡为“近代化学之父”。

拉瓦锡之于化学，犹如牛顿之于物理学。除此之外，拉瓦锡在其他方面也卓有成就，如他首先提出物质的三种聚集形态（固、液、气态）；他还改进了火药的制作方法；证实科学种植对农业的优越性等。他还建立法国统一度量衡委员会，并建立起"米"制的度量系统。

拉瓦锡对化学的第一个贡献是从实验的角度验证并总结了质量守恒定律。在实验中，拉瓦锡养成了经常使用天平的习惯。这种严谨的做法让他最终总结出质量守恒定律，并成为他进行实验、思维和计算的基础。为了表明守恒的思想，用等号而不用箭头表示变化过程，从而形成了现代化学方程式的雏形。

拉瓦锡最重要的发现是燃烧原理，并描述了最重要的气体：氧、氮和氢的作用。他第一次准确地识别出了氧气的作用，描述了燃烧是物质同某种气体的一种结合，并为这种气体确立了名称，即氧气。对于当时流行极广的关于"燃素"的错误看法作了有力的批判。按照燃素说的理论，在燃烧期间，任何被燃烧的物质同一种被称为"燃素"的物质相分离。"燃素"被认为是整个燃烧过程的主导者。

拉瓦锡还识别出了氮气。这种气体由普利斯特里发现，但却被命名了一个错误的名称——"废气"（意思是"用过的气"，也就是没有燃素的气，因此不会再被用作燃烧的气）。拉瓦锡则发现这种"气体"实际上是由一种被称为氮的气体构成的，"氮"是"无活力的意思"。后来，他又识别出了氢气，这个名称的意思是"成水的元素"。

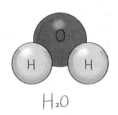

H_2O

知识延伸

拉瓦锡对化学的另一巨大贡献是否定了古希腊哲学家的四元素说和三要素说，建立了在科学实验基础上的化学元素的概念。在他的著名论文《化学概要》里，拉瓦锡列出了第一张元素一览表，元素被分为四大类，包括简单物质，如光、热、氧、氮、氢等物质元素；简单的非金属物质，如硫、磷、碳、盐酸素、氟酸素、硼酸素等，其氧化物为酸；简单的金属物质，如锑、银、铋、钴、铜、锡、铁、锰、汞、钼、镍、金、铂、铅、钨、锌等，被氧化后生成可以中和酸的盐基；简单物质，如石灰、镁土、钡土、铝土、硅土等。

元素周期表

注：相对原子质量录自 2001 年国际原子量表，并全部取 4 位有效数字。

图例说明

92 U 铀 $5f^36d^17s^2$ 238.0

- 原子序数
- 元素名称　注 * 的是人造元素
- 元素符号，红色指放射性元素
- 外围电子层排布，括号指可能的电子层排布
- 相对原子质量（加括号的数据为放射性元素半衰期最长同位素的质量数）

金属　非金属　过渡元素

周期 \ 族	IA 1	IIA 2	IIIB 3	IVB 4	VB 5	VIB 6	VIIB 7	VIII 8	VIII 9	VIII 10	IB 11	IIB 12	IIIA 13	IVA 14	VA 15	VIA 16	VIIA 17	0 18
1	1 H 氢 $1s^1$ 1.008																	2 He 氦 $1s^2$ 4.003
2	3 Li 锂 $2s^1$ 6.941	4 Be 铍 $2s^2$ 9.012											5 B 硼 $2s^22p^1$ 10.81	6 C 碳 $2s^22p^2$ 12.01	7 N 氮 $2s^22p^3$ 14.01	8 O 氧 $2s^22p^4$ 16.00	9 F 氟 $2s^22p^5$ 19.00	10 Ne 氖 $2s^22p^6$ 20.18
3	11 Na 钠 $3s^1$ 22.99	12 Mg 镁 $3s^2$ 24.31											13 Al 铝 $3s^23p^1$ 26.98	14 Si 硅 $3s^23p^2$ 28.09	15 P 磷 $3s^23p^3$ 30.97	16 S 硫 $3s^23p^4$ 32.06	17 Cl 氯 $3s^23p^5$ 35.45	18 Ar 氩 $3s^23p^6$ 39.95
4	19 K 钾 $4s^1$ 39.10	20 Ca 钙 $4s^2$ 40.08	21 Sc 钪 $3d^14s^2$ 44.96	22 Ti 钛 $3d^24s^2$ 47.87	23 V 钒 $3d^34s^2$ 50.94	24 Cr 铬 $3d^54s^1$ 52.00	25 Mn 锰 $3d^54s^2$ 54.94	26 Fe 铁 $3d^64s^2$ 55.85	27 Co 钴 $3d^74s^2$ 58.93	28 Ni 镍 $3d^84s^2$ 58.69	29 Cu 铜 $3d^{10}4s^1$ 63.55	30 Zn 锌 $3d^{10}4s^2$ 65.41	31 Ga 镓 $4s^24p^1$ 69.72	32 Ge 锗 $4s^24p^2$ 72.64	33 As 砷 $4s^24p^3$ 74.92	34 Se 硒 $4s^24p^4$ 78.96	35 Br 溴 $4s^24p^5$ 79.90	36 Kr 氪 $4s^24p^6$ 83.80
5	37 Rb 铷 $5s^1$ 85.47	38 Sr 锶 $5s^2$ 87.62	39 Y 钇 $4d^15s^2$ 88.91	40 Zr 锆 $4d^25s^2$ 91.22	41 Nb 铌 $4d^45s^1$ 92.91	42 Mo 钼 $4d^55s^1$ 95.94	43 Tc 锝 $4d^55s^2$ (98)	44 Ru 钌 $4d^75s^1$ 101.1	45 Rh 铑 $4d^85s^1$ 102.9	46 Pd 钯 $4d^{10}$ 106.4	47 Ag 银 $4d^{10}5s^1$ 107.9	48 Cd 镉 $4d^{10}5s^2$ 112.4	49 In 铟 $5s^25p^1$ 114.8	50 Sn 锡 $5s^25p^2$ 118.7	51 Sb 锑 $5s^25p^3$ 121.8	52 Te 碲 $5s^25p^4$ 127.6	53 I 碘 $5s^25p^5$ 126.9	54 Xe 氙 $5s^25p^6$ 131.3
6	55 Cs 铯 $6s^1$ 132.9	56 Ba 钡 $6s^2$ 137.3	57~71 La–Lu 镧系	72 Hf 铪 $5d^26s^2$ 178.5	73 Ta 钽 $5d^36s^2$ 180.9	74 W 钨 $5d^46s^2$ 183.8	75 Re 铼 $5d^56s^2$ 186.2	76 Os 锇 $5d^66s^2$ 190.2	77 Ir 铱 $5d^76s^2$ 192.2	78 Pt 铂 $5d^96s^1$ 195.1	79 Au 金 $5d^{10}6s^1$ 197.0	80 Hg 汞 $5d^{10}6s^2$ 200.6	81 Tl 铊 $6s^26p^1$ 204.4	82 Pb 铅 $6s^26p^2$ 207.2	83 Bi 铋 $6s^26p^3$ 209.0	84 Po 钋 $6s^26p^4$ (209)	85 At 砹 $6s^26p^5$ (210)	86 Rn 氡 $6s^26p^6$ (222)
7	87 Fr 钫 $7s^1$ (223)	88 Ra 镭 $7s^2$ (226)	89~103 Ac–Lr 锕系	104 Rf 𬬻* $(6d^27s^2)$ (261)	105 Db 𬭊* $(6d^37s^2)$ (262)	106 Sg 𬭳* $5d^46s^2$ (266)	107 Bh 𬭛* (264)	108 Hs 𬭶* (277)	109 Mt 鿏* (268)	110 Uun 鐽* (281)	111 Uuu 錀* (272)	112 Uub 鎶 (285)						

镧系

57 La 镧 $5d^16s^2$ 138.9	58 Ce 铈 $4f^15d^16s^2$ 140.1	59 Pr 镨 $4f^36s^2$ 140.9	60 Nd 钕 $4f^46s^2$ 144.2	61 Pm 钷 $4f^56s^2$ (145)	62 Sm 钐 $4f^66s^2$ 150.4	63 Eu 铕 $4f^76s^2$ 152.0	64 Gd 钆 $4f^75d^16s^2$ 157.3	65 Tb 铽 $4f^96s^2$ 158.9	66 Dy 镝 $4f^{10}6s^2$ 162.5	67 Ho 钬 $4f^{11}6s^2$ 164.9	68 Er 铒 $4f^{12}6s^2$ 167.3	69 Tm 铥 $4f^{13}6s^2$ 168.9	70 Yb 镱 $4f^{14}6s^2$ 173.0	71 Lu 镥 $4f^{14}5d^16s^2$ 175.0

锕系

89 Ac 锕 $6d^17s^2$ (227)	90 Th 钍 $6d^27s^2$ 232.0	91 Pa 镤 $5f^26d^17s^2$ 231.0	92 U 铀 $5f^36d^17s^2$ 238.0	93 Np 镎 $5f^46d^17s^2$ (237)	94 Pu 钚 $5f^67s^2$ (244)	95 Am 镅 $5f^77s^2$ (243)	96 Cm 锔 $5f^76d^17s^2$ (247)	97 Bk 锫 $5f^97s^2$ (247)	98 Cf 锎 $5f^{10}7s^2$ (251)	99 Es 锿 $5f^{11}7s^2$ (252)	100 Fm 镄 $5f^{12}7s^2$ (257)	101 Md 钔 $5f^{13}7s^2$ (258)	102 No 锘 $(5f^{14}7s^2)$ (259)	103 Lr 铹 $(5f^{14}6d^17s^2)$ (262)

电子层与 0 族电子数

周期	电子层	0 族电子数
1	K	2
2	L / K	8 / 2
3	M / L / K	8 / 8 / 2
4	N / M / L / K	8 / 18 / 8 / 2
5	O / N / M / L / K	8 / 18 / 18 / 8 / 2
6	P / O / N / M / L / K	8 / 18 / 32 / 18 / 8 / 2

/作者简介/

张端，材料学博士，首都师范大学初等教育学院硕士生导师、小学教育教学示范中心主任，全面负责小学教育实验室建设与课程体系建设；承担国家自然科学基金项目和北京市自然科学基金项目 4 项，先后在国际 SCI 收录期刊发表高水平学术论文 10 篇，申请国家发明专利 4 项，指导本科生获省部级奖项 16 个。

策划编辑：杨丽丽　　　责任编辑：张世昌

特约编辑：尚论聪　　　封面设计：周　飞

彩虹糖童书馆
Rainbow Candy Kids' Book House